打开心世界·遇见新自己
HZBOOKS   PSYCHOLOGY

如何做出成长的选择

壹心理 编著

机械工业出版社
China Machine Press

图书在版编目（CIP）数据

如何做出成长的选择 / 壹心理编著 . -- 北京：机械工业出版社，2022.1
ISBN 978-7-111-70140-8

I. ①如… Ⅱ. ①壹… Ⅲ. ①心理学 - 通俗读物 Ⅳ. ① B84-49

中国版本图书馆 CIP 数据核字（2022）第 005786 号

壹心理是国内专业的心理学服务平台，本书精选壹心理"人生答疑馆"社区中关于"青春成长"大家普遍关心的重要问题，由专业的心理学答主为读者正面解读种种疑惑，为迷茫的你打开一扇门，帮你更加了解自己、完善自己，在人生的岔路口做出笃定自信的人生选择，获得关于这个复杂人生的新认知和新感触。

如何做出成长的选择

出版发行：	机械工业出版社（北京市西城区百万庄大街22号　邮政编码：100037）
责任编辑：	李欣玮
责任校对：	殷　虹
印　　刷：	三河市宏图印务有限公司
版　　次：	2022年1月第1版第1次印刷
开　　本：	130mm×185mm　1/32
印　　张：	3.375
书　　号：	ISBN 978-7-111-70140-8
定　　价：	39.00元

客服电话：	（010）88361066　88379833　68326294	投稿热线：	（010）88379007
华章网站：	www.hzbook.com	读者信箱：	hzjg@hzbook.com

版权所有·侵权必究
封底无防伪标均为盗版　　本书法律顾问：北京大成律师事务所　韩光 / 邹晓东

序言 写给最亲爱的你

知道壹心理答疑馆要出书，我非常高兴，忍不住查看了一下自己的回答记录：我一共回答了 3089 个问题，累计 45 万字。看到这个统计结果，我自己也吓了一跳，当然更多的是感慨。昔日回答问题时的一幕幕在头脑中浮现，3000 多个问题仿佛是 3000 多个人在轻轻诉说着他们的故事和烦恼，而我有幸在答疑馆与他们有了片刻的相遇。

人生答疑馆最早只是一个简单的问答区，在人生答疑馆团队的小伙伴的努力下，渐渐有了贡献榜、精华榜、今日悬赏和各个分馆等富有活力又非常温暖的板块。人生答疑馆仿佛不再仅仅是大家提问和获得解答的地方，而渐渐成了一个人们或提问，或分享，或驻足停留，获得片刻休息、安宁和支持的心灵家园。

自己提问或看别人的问题和回答真的有帮助吗？这也是我一直在思考的问题。我的答案是"有帮助"，也正是这个信念支持着我回答这些问题。人生答疑馆中的问题有很多类，有的是人生的疑惑，有的是自己一时无法调节的情绪，还有一部分与原生家庭、成长经历和性格有关。在人生答疑馆回答问题的除了心理学爱好者，还有很多专业的心理咨询师。对有前两类问题的人而言，通过提问和浏览类似问题的回答来解决自己的困惑，调节自己的情绪，是非常有帮助的；第三类问题是简单的回答无法完全解决的，但这些回答至少可以帮你更好地理解自己的问题，为进一步解决自己的问题找到一个正确有效的方向。

另外，在看类似问题的回答时，你可以了解到原来不止你一个人有这样的问题或困扰，很多人都有类似的问题。这样的感受会让你内心的压力和焦虑减少很多，你将不再像以前那么孤单，不再像以前那么自责，因为我们的很多问题不是我们的错，只是我们不同的成长经历让我们有了不同的性格和应对世界的方式，在我们渐渐长大后，这些应对方式可能不再合适或起作用了，需要调整和改变而已。

自我成长是一个非常有趣，且贯穿我们人生始终的问题。在我们的成长过程中，我们难免会遇到各种困难，如青春期的身心发育和学习、大学学习、生活和人际关系，以及如何更好地理解和认识自己。本书按自我成长的人生轨迹认真地分类、整理了人生答疑馆中比较经典的问题和咨询师们精彩的回答，可以让我们避免成长过程中的一些"坑"，也可以使我们在成长过程中遇到困惑时，找到一群理解自己，与自己感同身受的人相伴而行，让我们的内心、我们的灵魂不再孤单。我们每个人都值得过幸福快乐的生活！

壹心理入驻咨询师
赵军

写在前面

　　如果给你机会,让你的生命重启,重新成长一次,会怎样呢?

　　小时候,我们踮脚眺望长大后的自己;长大后,我们频频回望那段年少时光,而心中那个令我们疑惑已久的答案,总是在我们回顾过去、参照别人的经历时出现……

　　阿德勒说:"在人生这条路上,有人走在前方,就有人落后,有人走得快,就有人走得慢。但这并不代表我们必须通过竞争达到目的。或快或慢,该往哪儿去,都是个人选择,不该由输赢去印证自己的向上。我们真正该拥有的是'往前'的力量。"

　　人生答疑馆线上社区精选了人生中真实且重要的几十个问题及其回答,希望能一直陪伴着你,可以随时随地为不同时期和经历中的你提供一些参考建议和指引方向。

人生无非是，苦来了，我安顿好了。

人生答疑馆把人生之苦划分为不同的主题，包括负面情绪、青春成长、职场进阶、原生家庭，再匹配对应的提问，安排优质解答。

在问答中，你不仅能体验专业心理咨询，还能加入相关话题圈子，与有相同经历的人进行实时的交流讨论，产生更深层的思想碰撞。

或许看完本书的你，能获得关于这个复杂人生的新认知和新感触。

目录

序言 写给最亲爱的你
写在前面

第1章 痛感敏锐的青春?
少年维特之烦恼

01 上课听不进去,怎么集中注意力 _002
02 父亲的评价和打击让我很自卑 _006
03 高中生迷茫堕落,怎么找到人生的意义 _013
04 上大学真的是唯一的出路吗 _018
05 青少年的想法都是不成熟的吗?有什么心理学研究 _023

第2章 欢迎进入成年世界，请做好进阶准备

06 上大学前要做好什么心理准备 _030
07 有社交恐惧症，要不要参加社团组织 _034
08 活得像边缘人，如何在集体中获得存在感 _040
09 被宿舍女生孤立，我做错了什么 _046
10 20岁左右的人，应该怎么规划人生 _052

第3章 读懂自己，自卑和自恋是一个人的两面

11 应该如何接纳不完美的自己 _060
12 孤独、自卑，怎么去除原生家庭的阴影 _064
13 如何爱自己，做到心灵独立 _071
14 严重的社交恐惧症，要怎么调整改善 _076
15 自卑的认知模式能否被改变 _081

第4章 互动进阶时间

- 自卑心理测试 _086
- 青少年烦恼寄存空间分馆 _086

附录

回答这九个问题，
就能知道自己是谁 _089

第 1 章

痛感敏锐的青春？
少年维特之烦恼

01 / 上课听不进去，怎么集中注意力

本人初三，上课的时候很容易分心，每次分心我都察觉不到，回过神来已经不知道老师讲到哪儿了，但我每次尝试集中注意力都不成功。我该怎么办？

💡 李苏淮（1星优质答主[一]）

题主，你好。我是一名心理学专业的本科学生。希望我接下来的回答对你有帮助。

首先，分心很正常，人的注意力不可能一直处于集中状态，我们需要坦然接受这一现象。其次，心理学认为，听课这种活动要求有预定目的、需要一定意志努力的注意，即"随意注意"。我们需要先了解一下随意注意的影响因素，再根据影响因素提出一些解决措施。

① 活动的目的和任务。目的越明确，越有助于保持注意。我们可以在上课之前给自己订一个计划：今天老师讲新课，我要将注意力集中在知识点和例题上15分钟。

② 间接兴趣。你需要告诉自己"这门课很重要，我想学好它"。

③ 过去的经验。抽10分钟预习今天老师要讲的课，课堂上

[一] 答主头衔。人生答疑馆根据答主在社区的回答数 / 优质回答数设置相应头衔，根据头衔等级从低到高排列为：1星、2星、3星、4星、5星优质答主；1星、2星、3星、4星、5星精华答主；1星、2星、3星、4星、5星荣誉答主。答主头衔等级越高，获得的福利越多，权限越大。

应对新知识的压力就会小些。

4. 人格特征。从容易分心到注意力集中需要一个过程，不是一蹴而就的，我们可以一步一步慢慢完成。要对自己有信心，慢慢来效果比较好。

💡 Sai（3星优质答主）

初三了，即将面对中考，我想你一定很着急，担心自己现在的状态影响到学习。其实，每个人都有上课容易分心的时候。不妨试着回想，你小学、初一、初二的时候也应该出现过上课分心的情况吧？那时你的感受是什么样的？那时候你用了哪些有效的方法，让自己的注意力重新集中起来，并且把自己的状态调整过来？试着回答上述问题吧！

你提到自己每次尝试集中注意力都不成功。那么，我们继续来探索一下：目前，你使用了哪些方法来调整自己的注意力？其中哪些有效果，哪些是无效的？有效果的方法是否可以继续开发、使用？还有哪些方法可以尝试？

当然，最重要的一点是要减轻心理上的负担。上课走神并非十恶不赦，及时调整、课前预习、课后补习，带着目标、带着思路上课，都能帮助你重新激活状态。

💡 日升烟（2星优质答主）

上课分心是很正常的现象。初三的大部分课程是复习课，在复习课上，如果你觉得一些简单的知识点没必要听，那么很容易恍惚过去；而遇到重难点时，又容易因某个步骤太难，没反应过来而分心。

注意力是否集中是注意的稳定性问题，和课堂内容、知识量、难度、自身的意志力有关。

想要改变，不妨试试以下方法。

1. 晚上休息好，充足的睡眠有助于提高注意力。
2. 减少电子产品的使用，经常使用电子产品会导致注意力下降。
3. 听课前闭目养神，发几分钟呆，有助于提高注意力。
4. 听课时笔不离手，随听随记笔记，充分运用眼、手、心。
5. 分心是正常的，调整好自己，及时回到课堂中，每次进步一点就是好的。

02 / 父亲的评价和打击让我很自卑

以前我的成绩很好,但中考时,由于考前学校备考策略频繁调整、父母吵架(他们常常吵架)、我心态不好等,我有些发挥失常。尽管如此,我仍考入了全省最好的高中,只是成绩并非全省前几名。从此,我的父母似乎对我非常不满。

现在我在读高二,身边确实强手如林,虽然我的成绩仍排在前列,但名次不如以前突出。我父母,尤其是我父亲,对我的态度发生了很大改变。一旦我和他独处,他就会念他拍下的高中大考红榜上排在我前面的名字;讲他自己当年、他同事子女的成绩如何好,以及他知道的我的几个同学学习多么努力、学习方法多么高明(几乎可以确定是他编造的)。

不仅如此,他还会一直说我初中的时候学习方法、学习节奏多么有问题。这些消极评价似乎掩盖了一些积极的事实,导致我对我初中生活的记忆越来越模糊,才过去两年,我对初中生活已经没有什么印象了。

熊猫君刘女士(2星优质答主)

这个世界上存在着一种伤害,叫来自父母的"自尊剥夺"。这个世界上也存在一种无奈,叫我以为只有我足够优秀,爸爸妈妈才会喜欢我。

从你的描述中可以看到,你和你的父母似乎都不明白亲子相处的意义。这个世界上没有教父母的学校,孩子没有选择出生与否的权利,身不由己。第一次当父母的人总是不懂得如何教育自己的孩子，只能摸着石头过河。在这个过程中，很多父母会忽略孩子内心的成长，他们更在意的是孩子的学业，在乎孩子是不是符合"世俗的优秀"。

当父母过度把"成绩"作为决定自己对待孩子的态度的标准时，孩子就会产生自我怀疑，并且为了得到更多的关注而拼了命地不断追求更好的成绩，因为哪怕成绩只落后了一点点，学业上只失误了一两次，都很有可能导致父母态度的转变，以至于产生焦虑和疑惑。

每个人的父母都不太一样，但亲爱的朋友，你的父母也许真的做得有些不好，老一辈人忙着生存，不太理解内心成长的价值。他们和你一样焦虑，当你不符合他们期待的时候，你的父亲会用戏谑的话来让你不快，用陈年旧事和别人家的孩子来打击你的自尊。他以为他在通过这样的方式"鞭策"你，也许他那一代人就是这么过来的。他想证明你学业上的失败不是他教育的失败引起的，他想通过这样的方式来给自己一点"面子"。

父母做错了吗？当然做错了。但这是否意味着他们不够爱你？不，他们其实很爱你，但是他们也只是很普通的人，七情六欲、面子里子，这些东西裹挟着他们，慢慢把他们变成了他们不喜欢的样子，所以他们很努力地想要避免你感受到他们的失败。他们希望通过教育你来弥补他们过去的遗憾。

这些话听起来有些冷酷，也许你不必这么早知道这些，但是你必须尝试着理解。

你需要接受大人的不完美，承认他们不过是很普通的人，也会有愚蠢和虚荣，也会手足无措。他们很爱你，希望你拥有璀璨的未来，但是他们爱你的方式很笨拙，他们不知道用什么方式来表达他们的爱。你要接受这一点，这是长大的第一步。

在你和你父母的关系中，存在一个深刻的认知：如果你成绩不好，他们就不会和颜悦色地对待你了。你不停地提及你成绩的波动总伴随着父母的态度转变，但其实你也在努力证明你真的在学习。这样的你，难免会觉得心累。

亲爱的朋友，我希望你能对自己好一些，哪怕面对学业上的压力，也不因此过度地谴责自己。你已经很好、很努力了。如果你觉得自己不够好，那我希望你的努力首先是为了自己的未来，而不是为了得到父母的表扬。你还很年轻，人生的路还很漫长，你要理解你今天的所有努力都会造就你未来的模样，所以你读过的每一本书，经历过的每一次考试，都在为你自己的明天打下地基。

如果你带着父母给你的心理包袱上路，我担心你会失去对学习的兴趣。所以，无论你的父亲怎么对你说，怎么想通过自己的态度来给你施加压力，你都不要过度承担。当他们打击你的自信的时候,你要学会自我调整,而不是被他们带来的负面情绪干扰。你要知道你的人生是你自己的,这一点非常重要。

我给出的建议如下。

1. 沟通,尝试和父母开一次理性的家庭会议。你们之前信息不对等,他们怕你不努力学习,而你怕他们对你态度不好,你们需要心平气和地坐下来谈谈。和他们认真地谈谈,谈谈你的心事、你的压力、你的自卑和你的不快乐,让他们理解你承担的东西。也要告诉父母,不用担心你不上进,你会独立地思考,并且用心地学习,让他们放下焦虑不安的心。

2. 培养自己独立思考的能力,改善学习方法,并且调整自己的心态。我们小的时候,父母是我们唯一的模仿对象,我们总以为他们是天、是地、是一切,所以我们总会因为他们而不停地改变自己。而对此产生疑惑的那一刻,就是我们建立独立思维的开始。放下内心的包袱,用辩证的眼光去审视父母的教育方式,并且建立自己的成长的格局,这样你才能变成更优秀的人。

3. 你是最棒的,别不自信!我们的成长过程中总会出现一些外界的声音,不仅仅来源于家人。他们会说我们不够好,会打击我们。在你未来人生的数十载中，你会遇到各种各样的否定，我希望当你听到这些声音的时候，你能给自己打打气。只要你真的在努力，就不要着急否定自己。其实你很优秀，也很聪明，千万不要妄自菲薄，但也不要过度膨胀。自信一点，勇敢一点，你会变得更加优秀。

💡 姚元启（国家二级心理咨询师，1星精华答主）

遭到父亲不合理的评价让你非常郁闷，甚至产生了自卑的情绪，对吗？我想首先为你的自强不息点赞，因为你在父母争吵不断的情况下，依旧考上了重点高中，这非常难得。

不知道你目前的情绪状态是怎样的，是否影响到了你的学习和睡眠？一般而言，一个孩子的人格某种程度上是父母对孩子的接纳和认同内化的结果，而青春期正是你寻求自我认同感的黄金阶段。很遗憾，你爸爸对你的苛责严重伤害了你的自尊，让你产生了认同危机，所以你的自卑情结无可厚非。

当务之急或许不是向你爸爸解释什么，而是思考自己需要做些什么。对于过往的初中生活，你不需要刻意追忆，而要考虑当下如何过好每一天的学习生活。

尝试从你的生理特征、健康状况、性格特点等出发，写出自己的十个优点。尝试写出同学如何评价你，老师如何评价你，朋友如何评价你。五年前你如何看待今天的你，如何看待十年后的自己？十年后的你会如何看待今天的你？

很多时候，我们之所以自卑，是因为我们的思维被固定的时间、空间，以及限制性的思维固化了。拆开思维的墙，外面一定别有洞天！

03

高中生迷茫堕落，怎么找到人生的意义

我有完美主义倾向。初中时我有明确目标，所以十分要强，在别人看来挺优秀的，实际上十分累，又过度自慰，搞得身心俱疲，但还是凭着意志撑了下来。

到高中后，我失去了目标（因为以前制定的目标不切实际），变得迷茫，后来发展为堕落，现在仍然是这样，找不到人生的意义，整日浑浑噩噩。我焦虑不堪，我该怎么办？

💡 ZHUQIANG（4星精华答主）

小时候，当我们被亲戚朋友问到"长大后的目标是什么"时，我们会有各种天马行空的想象，比如宇航员、太空警察、星际特工，或者一个农场主……也许现在看来有些"不切实际"，但这不代表它们永远都是不切实际的，而且总有人正在做着，或者将会做这些事情，如果你放弃了，那么只不过做这些事的人不会是你。

无论我们的职业，还是我们的人生，都是自我探索与环境等各种因素多重作用的结果。因此有人说生命本身是没有任何意义的，但因为每个人对生命都有不同的理解，所以有的人轻易放弃生命，有的人活着心却死了，有的人身残志坚……如果生命必须有意义，它应该是简单的，就在此时此刻，一分钟接着一分钟。我们真实地存在着，这就是生命的真谛和意义。

你的爱人、你的梦想，你在乎的人和事物都可以成为一个意义的载体，它会实现的，或者能不能实现根本不重要，重要的是在追寻意义或梦想的过程中遇到的风景、结下的羁绊。我们存在的意义在于满足自己和他人的需求，让自己快乐享受每一个当下。或许我们是平庸的，但是我们不应该"自甘堕落"。

💡 小艾同学（1星优质答主）

人生的意义是自己赋予的，只有懂得了承担，才有可能发现意义。"找不到人生的意义，整日浑浑噩噩"，题主首先要接纳自己现在的迷茫状态，但不要终日沉迷在迷茫中，虚度了可贵的青春。

当意识到自己陷入了迷茫时，就要刻意让自己走出狭小的生活圈，去拥抱外部世界，去了解更多的生活方式，哪怕只是去操场散散步、去公园看看花，给自己一个机会，拥抱更多的生活灵感。

其次，迷茫、纠结的时候，可以找人交流，真诚地向他们吐露自己的困惑和迷茫。当然，与谁交流也很重要，建议你去找这四类人交流：老师、学长/学姐、比你优秀的人、父母。

再次，做好当下的事。人生永远没有准备好的时候，人生的方向也不是空想出来的，而是靠我们一步步踏实地走出来的。

与其迷茫、与其纠结，不如立即行动，把当下的每一件小事做到最好。我们可以允许自己在人生的大方向上迷茫，因为我们目前的阅历和视野还无法使我们看清未来几十年的走向；但我们绝不能允许自己迷茫于当下的方向，我们必须有当下正在执行的小目标和小规划。每天做好 to do list，每周做好总结和复盘，通过高效的执行，使当下的小目标和小规划得到实现。

如何做出成长的选择

之后我们会发现,我们迷茫的大目标其实是由无数个当下的小目标组合而成的,做好当下便是在经营未来。迷茫就像迷路,如果你停滞不前,那你就真的迷路了。你只有走起来、行动起来,才能发现出口的标志。千万不要把自己留在原地。

张仁军(1星精华答主)

"我该怎么办",短短的五个字道出了题主内心的孤独、迷茫、无力和无助。不知道该怎么办,又不知道该对谁说,孤独无依,就好像只有自己一个人伫立在这苍茫的天地间一样。

人生的意义是什么,这是很多人曾经遇到过的问题。有的人在几天、几个月或几年里就找到了答案,有的人却要花费十几年、二十几年才能找到,还有的人甚至一生都在追寻这个答案。

我也曾遇到过这个问题,弄不清楚自己到底想要什么,无法确定一个清晰可行的目标。小时候我想做一个行侠仗义的侠客,长大后发现这是不切实际的;后来我学过机械加工,结果发现自己根本就不喜欢这一行,纯粹是"赶鸭子上架";我还做过保安,但我觉得这个工作很无聊,尽管在我做保安期间,我抓到过很多小偷,可我的内心依然空虚、孤独。

直到我经历了感情挫折,第一次捧起心理学书,我和心理学对上了眼,就像和她一见钟情,从此一发不可收拾。直到现在我都认为自己当初选择心理咨询是一个非常正确的决定。

题主目前还是学生,对学生来说,当下最重要的任务是学习,最大的目标是努力学习。努力学习并不只是为了报答父母,也并不只是为了考一个好大学,只是为了使自己掌握更多的知识技能,把自己所学的东西变成生产力,为自己、为社会实现它们的价值。

没有把握当前的学习机会,就意味着失去造就未来更好生活的工具,那么你将面临两手空空的劳动生活,这是你想要的生活吗?堕落无法让你更好地生活,只会让你继续沉溺、堕落。

04 / 上大学真的是唯一的出路吗

我今年高三,感觉在学校里通过老师和同学什么也学不到,但是爸妈给予了我很高期望,想让我上大学,然而我看到很多成功人士都没上大学。我现在很迷茫,我该怎么办呢?

💡 林颖(国家二级咨询师,2星优质答主)

看起来,你徘徊在人生的十字路口,感到迷茫。你心里似乎有些冲突,一方面对目前学校里的教育感到失望,另一方面又担心让父母失望。参照其他没有大学经历的成功人士，你开始疑惑大学的意义是什么。恭喜你，你已经开始成长了，不再是一个一味听从父母期望的孩子了。或许这就是独立的开始。

高三学生即将或者刚刚成年，这个阶段是自我认同形成的关键期。关于我是谁，我想要什么，未来的追求在哪里，希望成为一个怎样的人，这个阶段的人可能会有很多的思考和疑惑。但这也是成长的契机，对过往价值观的质疑以及对未来的思考，会让你逐步整合和反思不同的观点，最终形成你自己的价值体系。这种迷茫可能会持续一段时间。

上不上大学没有绝对的答案，条条大路通罗马，上大学就好比拥有一张车票，以及观看旅途风景和结识与你一起旅行的同伴的机会。试着了解你内心抗拒大学的原因或许更重要，那种什么都学不到的失望背后是对教育的期待，这个期待也许是你对自己的期望，也是你未来成为更好的自己的重要动力。

💡 王明灿（5星优质答主）

前段时间我家装修，我遇到一位师傅，他是做美缝的，专门负责瓷砖勾缝的工作。这是一门比较精巧的手艺,很少有人干,工作也比较辛苦,但是薪酬待遇还不错,他每个月的收入有一万多元,在我们这边算是高薪的了。

我和他闲聊过工作的话题。他说没好好上大学是他这辈子最遗憾的事,当时他比较懒,不认真读书,后来发现没有文化真的不太好找工作,招聘的根本不要,他没有一技之长,很难谋生。要不是家人介绍他找到一个师傅学了这门手艺,现在都不知道该做什么了。

我看师傅说话坦诚,就问了他收入方面的事,他说:"你别看我们搞装修的收入高,其实我们的收入是有周期的,有淡季和旺季,旺季赚钱多,但是没钱赚的时候日子也很痛苦。而且装修是体力活,年纪大了还不知道自己能不能继续干,比起那些坐在办公室里的人要辛苦很多。"

当他知道我是心理咨询师,平时经常在外面做咨询、上课时,心里很羡慕。虽然我每个月的收入没有他高,但是很稳定,相对来讲工作也比较轻松。

这位师傅还说,"巧者劳而智者忧,无能者无所求",心灵手巧、能干活的人,一辈子都是操心的命,听别人指挥,"当牛做马",有干不完的活,容易伤身体;而"智者",如老师、公务员,从事的都是脑力劳动,每天要担心很多事情,但是职业寿命比较长。从本质上说，脑力劳动者会占据很大的优势。这件小事给了我很大的感触。

我认为读书学习是人生最大的财富，不管你处在人生的哪个阶段——是初中、高中、大学，还是毕业以后，你都得不停地学习。很多事情不是说在学校里读完书就完事了。遇到新鲜的事物要去了解，读的书越多，你会越明智，看待事物会更加到位，在职场中能少吃很多亏。

而且，从人的一生来看，工作要占据你绝大多数的时间，从你22岁毕业直到退休，你至少要工作30～40年。在这期间，如何延长你的职业寿命，是你需要思考的问题。

上大学不一定能让你赚很多钱，但是大学时学的知识、认识的新事物以及看世界的眼界，都是没上过大学的人无法体会的。我认为如果有条件，还是上大学比较好。成功人士没上过大学只是小概率事件，绝大多数人的成就还是和学历挂钩的，不然为什么那么多企业只招聘本科以上的学生呢？其中的道理不言而喻。

赵军（国家二级心理咨询师，1星精华答主）

做出一个选择就会排除所有其他选择的可能性。当你选择不上大学，也就排除了与上大学相关的很多可能。上大学不一定有多好，但能使你以后的生活有更多选择。很多成功人士没上过大学，不等于他们没有上大学的能力，更重要的是，没上过大学的人成功的概率与不成功的概率相比是非常小的；而上过大学的人虽然不一定能成功，但比起没上过大学的人，以后的工作薪酬、条件等相对来说要好一些。

05

青少年的想法都是不成熟的吗？有什么心理学研究

长辈总说我们现在的想法是不成熟的，很多是异想天开。对此，心理学有专门的研究吗？

长大成熟的朋友们也认为自己曾经想的都是没有意义的吗？

💡 **熹薇**（2星优质答主）

每一个年龄段都能归纳出一定的特征，其中关于"青少年",个人认为最有意义,或者说最能给我们带来启发的是埃里克森人格发展八阶段理论:青春期(12～18岁)时,人们面临自我同一性和角色混乱的冲突。一方面,青少年本能冲动的高涨会带来问题;另一方面,更重要的是,青少年会因面临新的社会要求和社会冲突而感到困扰和混乱。所以青春期的主要任务是建立新的同一性或自己在别人眼中的形象,以及个体在社会集体中所占的情感位置。

这一阶段的危机是角色混乱。我们会疑惑自己是谁,并希望借助自己的思考弄明白这个问题,我们常过度渴望同伴的认可,有时也会困扰是应该选择合群还是与自己相处。我们已经拥有健壮的身体,也有很多自己的思考,所以我们常质疑父母的抉择与命令;可有的时候,我们也希望得到父母的支持与认同。

每个年龄段都有应该做的事情。一位年轻的心理咨询师曾在课上向精神分析"大咖"曾奇峰老师举杯感慨:"真希望自己能快一些成为像您一样成熟稳定的治疗师。"未曾想,曾老师爽朗大笑,道:"若是在你这个年龄,你便成了我这个样子,多半是你身体太弱了。"(资料来源:曾奇峰心理工作室)

"长大""成熟""稳定"听起来是多么美好的字眼啊,它们似乎象征着我们将成为一个"真正的人",可以尝试很多我们向往的事情。所以有时我们会努力贴近"成年人"的生活，做"成熟""有担当"的事情，不接受自己身上所有看上去"幼稚"的地方。然而，我们所谓的"不稳定""不从容"，恰恰是我们拥有足够活力与能量的表现，正是因为它们很强盛、很热烈，所以我们要多花一些时间来掌握它们。

反观"成年人"，他们中有几个才思敏捷、活力四射如少年？或许"长大成人"之后，一些宝贵的东西也会自然消逝。那么，不妨试着接受我们现在的年龄，接受可能会被视为"不成熟"的种种迹象，接受自己情绪甚至能力的不稳定，接受自己的成长需要时间……

"长大成人"不是终点。有时我们会以为，到了那个名为"18岁"的时刻，我们的成长就走到了尽头，我们就完成了这段旅程。其实"青少年"也好，"成年人"也罢，都是一条名为"人生"的、很长很长的线段上的很短的一部分。我们很难找到一条所谓"长大"的明确界限，我们只是在不断地向前，再向前……

或许这听上去充满了"不确定"的无奈感，但我们可以知道的是，我们人生中每一阶段的想法，都宝贵而不可复制。也许我们对"成熟"的思维有所向往，但当下的想法也可以很有趣、很特别。抓取它们的美不也是一件乐事吗？

可能长辈曾说我们的想法"不成熟"。但不成熟并不等于无意义,现在不成熟也不等于将来不成熟,长辈只是希望我们为人处世、待人接物的方式更令人满意。

讲一个故事:曾经有一群年轻人来到一条湍急的小河前。正当他们自信地迈步时,他们的父母对他们说:"这条河里有尖锐的岩石,快去走桥,那儿安全!"可他们还是想尝试一下。父母说的果然没错,河里的岩石磨破了他们的膝盖,戳疼了他们的脚掌,可是他们仍然凭着热血走了出来。后来,他们接替了他们父母的位置。他们看到我们走向小河,也提出了相似的建议。我们或许心知肚明,可我们仍然想要尝试,即使受伤流血也在所不惜。我想说的是,没必要在我们与父母的抉择或看法中分辨对与错。

💡 蘑菇管家 _ 壹心理问答(1星优质答主)

作为年长你 10 岁的大姐姐,我真的很羡慕你的花样青春。有的时候我会告诉自己:"岁月的沉淀是一笔财富,前辈或长辈口中的大道理根本无法与之匹敌。"但是我也意识到:岁月给了我认清事物本来面目的智慧,亦剥夺了我的想象力与无畏。

小学时，我们应该都写过一篇作文，题目是《我的梦想》。那个时候，有人写科学家，有人写宇航员，有人写发明家，却很少有人会写"我要当公务员""我要当一个小老板"。那时的我们是会做梦的，也是无畏的。但随着时间的流逝，我们都意识到自己是那些普通的大多数人中的一个：读大学，找工作养活自己，结婚生子，度过这平凡的一生。这时的我们，是认清了生活的本质，但仍努力热爱生活的，普通得不能再普通的人。

　　成长固然是一件好事，但是在我看来，在16岁的年纪，可以多一点奇思妙想、异想天开与无知无畏。因为过了这个阶段，你可能就没有这些东西了，只能反过来羡慕现在不成熟的你、有想象力的你。

　　天真无邪是属于16岁的张扬特质。但不必拒绝长大，成熟是一种别样的魅力。我曾看过一部电影，里面有一句台词是："当我年轻的时候，我希望变成任何人，除了我自己。"可能你生活在无法每时每刻都爱自己的世界，你的神经会被太多讨厌的、无法选择的、不完美的东西刺痛，但记得要接受它们，学会和它们一起生活。

第 2 章

欢迎进入成年世界,
请做好进阶准备

06

上大学前要做好
什么心理准备

最近我有一些朋友在参加各种夏令营，考驾照，甚至考托福。也有一些朋友觉得大学第一年就是要放松和结交更多的朋友。

我对自己考上的专业一点也不了解。快开学了，进入大学前应该做好什么样的心理准备？什么心态才是好的？

💡 安笑（2星优质答主）

恭喜你即将开始大学生活。你描述了别人在做的一些事情，并没有提到自己的想法，那么我们首先来思考一下我们自己有什么想法吧。你想去参加夏令营吗？你想考驾照吗？你大一是想好好学习还是交朋友？问一问你自己的想法，不必一味地参考别人的意见。

对专业不了解没有关系，甚至不感兴趣也没有关系。想想自己感兴趣的是什么？去学你想学的东西，而不是别人觉得好的东西。兴趣是最好的老师，是你坚持做一件事的动力。大学时间虽然充裕，但也要尽早做好职业规划，并着手准备。如果你不喜欢本专业，建议考研换专业或选修喜欢的专业。

决定方向的时候，不要一味地参考别人的意见或者自己突然做决定，而要想办法深入了解你想从事的行业具体在做什么。比如，很多人想开一家咖啡馆或花店，但真的了解后，才发现那并不是自己想象中的小资生活，而要考虑成本、营销、招聘等现实的事情。除了职业规划，大学生活中还有很多丰富多彩的活动等你去参与。认识更多的人，经历过更多事情，我们的思路才会更开阔。

什么样的心态是最好的呢？每个人都不可避免地会有些焦

虑，比如看到别人都在努力学习，自己好像落下了。接纳自己的这份焦虑，焦虑是正常的，也是有一定好处的，它可以让我们更加努力。所以我们要以轻松的心态面对新的环境，在接纳的同时付出努力。

总之，做自己，做自己想做的事情，而不要因为别人都在做某事而盲从。当然，做自己不是放纵自己，整天不学习、只想玩，也不是看到别人的目标不错，自己就决定做同样的事，而是为自己的目标努力。愿你在新的环境里尝试更多有益的新鲜事物，理清自己的思路，脚踏实地地努力，过自己想要的人生。

💡 乘风逸月（3星优质答主）

即将步入新的环境时，内心难免会产生对未知的担忧和焦虑，你存在这种心理很正常。

大学生活不同于中学生活，中学老师要求很严格，但是大学生活中的管束会宽松很多，除了学习之外，你可以自己安排和利用的时间也很多。究竟要怎么安排和利用这些时间，关系到每个人大学毕业后能力的高低。比如，有的人可以被大公司聘用，有的人只能漫无目的地找工作，甚至找不到工作。

① 你要有认真学习的心态。很多高中老师、父母曾告诉我们,只要上了大学就轻松了。但是上了大学真的轻松了吗?如果你的大学生活只用来放松、娱乐,那你可就大错特错了。大学是社会的一个缩影,我们需要带着学习的心态过自己的大学生活:①学习本专业知识,了解本专业的就业走向和领域;②学习周围的人的处事方式,这有利于你毕业后和同事相处;③利用课余时间学习自己感兴趣的东西;④多将学到的内容应用于实践,这能成为你的经验和经历。这么一看,大学要学的东西其实很多,大学生活并不轻松,只是很多人没意识到而已。

② 你要有包容的心态。大学里的同学来自天南海北,不同的生活环境造就了大家性格、处事风格的差异。对此,你一定要有包容的心态。

③ 你要有准备好动手实践的心态。你可以自己研究专业知识,在指导下做个小项目;可以利用假期时间勤工俭学;可以产生自己的独特创意,然后用行动将它变成现实。在大学生活中,有很多学习理论和参与实践的机会,不像高中的时候,大家为了应付高考,没时间做这做那。大学生活是一种慢节奏的生活,你只要有明确的目标,就一定可以做出很多成绩来。

07

有社交恐惧症，要不要参加社团组织

我是大一新生，我感觉自己有社交恐惧症。开学前的暑假，如果看到微信有新消息，我会感到害怕和烦躁，不想面对，只想逃避，但是点进去会发现其实一点也不吓人。这个月开学之后，我觉得我和舍友、同学相处得挺好的，军训也认识了好几个其他专业的朋友，我应该还是没多大毛病的吧？

最近大家都在面试社团，我也尝试着去两个社团面试了，一个是舞蹈类社团，一个是我们学院的青年志愿者协会（简称"院青协"）。院青协的一面着实把我吓到了，有点可怕，我受到了很大打击，感觉自己没有任何兴趣爱好或特长,而且实在是太不会说话了,不是很敢在很多人面前大声说话,太过内向、自卑。但我在正常的生活、社交中是没问题的呀。

其实我不想去认识各种各样的人,我非常疑惑到底应不应该强迫自己去这些社团或学生会,到底应不应该去竞争班委、级委?我特别羡慕那些自信、开朗、大方的人,但是内心又害怕不必要的社交。我该怎么做?

☀ 土豆的世界(1星优质答主)

我是一名大二学生,我经历过你说的这一阶段。我想说的是:请不要强迫自己去社交。

每个人生而不同,擅长的东西也不同。我是个内向的人,高中时不擅长与同学交流,所以初入大学,我对自己的要求是要开朗一些。社团招新时,我试了好多次,面试前害怕得要死,结果也不好。看到有些同学出口成章,毫不紧张,我心里十分羡慕。我的好多次尝试都以失败告终,我心里很不是滋味,于是特别希望能有个社团接纳我。最后我进入了我们学校青协的一个部门,几乎所有报名参加面试的人都被留下了。那时的我很高兴,因为我加入社团了。

可是社团并不如我想象中的美好,我之前以为我们是一个大家庭,会慢慢地相互熟悉、理解。但其实我们的日常是:每周一次例会,一个学期举办一两次大型活动,偶尔聚餐。因为性格,我并没有结识很多朋友。最后我发现,我仍然在和性格相近的人亲近,并没有变得开朗。

我总结出,如果一个人自身没有发生改变,不管他处于怎样的环境中,他都不会改变。后来,我决定踏踏实实地去丰富自己,锻炼自己。

善于与人沟通确实是一种能力,它也许能帮助我们更快、更好地解决问题,但我们的这项能力弱一些也没关系。我相信,我们可以通过自己的努力来弥补这一不足。而且把过多的时间花在社交上也是不明智的选择,最终我们还是得凭实力说话,所以希望你可以在大学的四年时间里多读书、多思考,寻找自己热爱的事情,而不是强迫自己去社交。有句话不是这样说的嘛,"你若盛开,清风自来。"你无须为自己的性格担心,努力做好自己就行了。

在问题的最后,你说你羡慕那些开朗大方的人,说明你还是想改变自己的。我认为你可以去参加竞选,当踏出那一步时你会发现,其实也没什么大不了的。你可以通过发言、交谈、演讲等活动多多锻炼自己。

但我仍然希望你能明白自己真正想要什么。如果你只是因为害怕而不敢尝试,那就大胆地来吧!如果你是盲目跟风,那不尝试也罢,无须责备自己。当然,认清自己并不是一件容易的事情,可能需要一生的时间。慢慢来,不急。

💡 -ARYA- (1星优质答主)

首先,梳理一下您目前的情况:①您和舍友、同学相处得挺好;②认识其他专业的朋友;③不想认识太多人;④不知道应不应该强迫自己参加社团。

然后,让我们一点一点地来分析。从前两点看,您有正确的自我认知,可以过正常的社交生活,因此不必给自己太多社交恐惧症的心理暗示。从后两点看,您觉得自己有些自卑,羡慕那些外向、自信、开朗大方的人,由此滋生了参加社团、竞选班委等想法。但是自卑并不是强迫自己做自己不愿意做的事情就能够改善的。就像您说的,院青协的面试把您吓到了,还增加了您的无助感。

我们都会对美好的事物或是自己缺失的某些特质心生向往,但并不是一味地追寻这些缺失的东西才能令自己变得更加完美。您能和舍友、同学相处得好,甚至能够认识其他专业的朋友,这本身也证明了您是个优秀的人。

想要改善自卑,首先要学会肯定自己,从自己感兴趣的地方着手。如果您对院青协、舞蹈社团不感兴趣,就算成功加入了,之后如果有不愉快的经历,您也会产生很强的挫败感。

因此,我建议您挑选自己真正感兴趣、想加入的社团去尝试,而不是为了强迫自己成为自信开朗的人而去那些看起来高大上的社团。选择自己感兴趣的社团,才更有可能遇到与自己志同道合的人。就像您说的,避免没必要的社交。

💡 画月不画星(1星精华答主)

你自我感觉有社交恐惧症,暑假在家时,看到微信里的新消息,你会感觉害怕和烦躁,但是点进去后发现一点也不吓人。这其实是一种通过实际印证改变自己认知的方法。

在开学的最初几个月,你和舍友、同学相处得都不错,军训的时候也认识了几个其他专业的朋友,这说明你在社交方面是没有问题的。你在尝试加入院青协的时候,可能看到其他人都有追求,有各种各样的兴趣爱好和特长,有广阔的人际关系等。这些让你感到自卑,使你受到了打击。你会羡慕,但又不想去认识那么多的人,这让你感到纠结。

可能你需要探索自己的内心,你是真的不想认识那么多人,还是害怕失败、害怕困难?明确自己的内心,遵循内心的想法行动。

08

活得像边缘人,如何在集体中获得存在感

从高中到大学,一直有这么一种现象:有两三位同学是班级里的中心点和活跃分子,只要他们一开口,就会引起全班的共鸣,能够活跃课堂的气氛;另一些同学渴望像他们一样能够引起全班同学的关注,但一旦这些同学开口,无论说得多么搞笑、幽默,基本上都会冷场。更令我不解的是,有时候,在同样的场合和氛围,两种人说出同样的话,得到的效果也不同。不管后者说出的话多么有趣、有料,都无法引起全班的共鸣。

我觉得这种现象就像命中注定,有的人注定成为集

体的焦点，而有的人注定默默无闻，在集体中活得像一个边缘人，没有任何存在感。我一直都是后者。我曾经暗中将我和前者做过比较，真的不觉得我们有什么比较突出的差别。

那么，影响一个人在集体中的影响力的因素是什么？为什么别人在班级中有存在感，而我没有？

💡 达芬琪（2星优质答主）

看了你描述的情况，同样身为学生的我很有体会。我认为一个人要在群体中找到自己的存在感，有三个因素非常重要。

① 时机。如果你在一个群体形成的早期表现得活跃、积极，那么你会非常容易给别人留下深刻印象，以后在班级中也会给人一种比较正面、幽默的印象。

② 性格。有的人外向，有的人内向；有的人自来熟，有的

人慢热。那些外向的同学更容易表现自己，也能让别人更迅速地了解他们的"外在我"，所以同学们对他们更熟悉，自然愿意接他们的话头。

3. 能力。如果你有自己独特的能力，例如唱歌、写作等，在班级中也会更吸睛。

感觉题主是一个比较慢热的人，难以在他人面前表现自我，也可能是班级给你的安全感不够，所以你会下意识地隐藏自己。记得之前我听过一句话："当英雄路过时，总要有人坐在路边鼓掌。"当一个边缘人并不是不好，每个人都有自己的身份，题主不必因为自己不是班级的中心点而否定自己。你能做的大概就是保持本真的自己，会有同学发现你的优点的。

💡 **南黎**（4星优质答主）

能够成为集体的中心人物的人毕竟只是少数，大多数人还是在安安稳稳地做着自己。能够吸引大家的一般都是有气场或有威严的人，这种人可能是最优秀的，也可能是成绩稍

"落后",但性格活泼的。但是无论他们是哪种人,总会是那几个人。

其实每个人都有自己存在的意义和价值,不一定要成为焦点。题主不想默默无闻,不知道你认为的默默无闻是什么?做科研的人、打扫卫生的人、生产线上的人都是默默无闻的,我们不认识他们,但是我想我们每一个人都感谢他们。

对存在感的渴望反映了人们精神世界的空虚和寂寞。有句话说:"存在感是刷出来的。"也就是说,孤独的人渴望做出一些不平凡的事情或举动来吸引别人的注意,以获取所谓的存在感。如果你想要获得存在感,那就要吸引别人的注意,通过更大的舞台来展现自己,多多参加班级活动和社团活动。

我的建议如下。

1. 有自己的风格,做好自己,做最好的自己,做自己喜欢的事情。
2. 多交朋友。交朋友对你来说应该不是什么难事,交到朋友就意味着有了支持者。
3. 增强自我效能感,对自己的未来充满信心,坚信自己能够做好自己要做的事情,能成为自己想要成为的人。
4. 做令自己开心的事情,从中获得成就感和幸福感。

💡 悄哥哥（4星优质答主）

为什么我们会关注一些人，而忽略另一些人呢？我认为答案在于：①他/她是谁（如他/她很优秀）；②他/她能带来什么（如他/她经常发红包）。

基于这两点，我想给出以下建议。

1. 相信自己。罗伯特·科里尔（Robert Collier）[一]说："世界上没有什么你不能拥有的东西，只要你在思想上意识到你可以拥有它。"当你自信自己做什么事情都会轻松自如时，别人与你相处也会觉得安全，更愿意接受你的想法。
2. 利用光环效应，努力展示你的优点。这里的优点可以是你的聪明、幽默、善良等个人品质，也可以是你的特长、才艺、爱好等。你要做的就是在与他人相处时展示出这些被别人看重的品质。你可能不会每一次都成功，但是这会让你看上去与众不同。
3. 注意你的个人形象。在五米以外，你衣服的颜色和风格就已经在透露你的信息了。如果大众的衣着色调是暗色

[一] 美国成功学家、作家、出版人，著有《秘密》《做你自己》《永远不要失去信念》等。

调,而你身着米色,那么人们马上会被你吸引。所以你可以花些心思寻找一些能够塑造自己喜好的形象的衣服。如果你对这方面没什么了解,可以上网看看穿搭达人的建议。

4. 声音也很重要。"有时候,在同样的场合和氛围,两种人说出同样的话,得到的效果也不同。"对于这一点,部分原因可能在于声音的不同。抑扬顿挫、铿锵有力的声音能帮助你获得更高的存在感。

5. 尽可能地帮助他人。如果你想要得到别人的关注和支持,最好的办法就是去关注和支持别人。如果你以某种方式帮助过别人,或者给予过别人什么东西,对方会因此产生某种想要回报的责任感,即使你做的是一些微不足道的事情。

6. 给他人带去正面、积极的情感。要讨人喜欢,外在的魅力固然重要,但是情感上的吸引力更胜一筹。人们通常会喜欢那些充满活力,能带来正能量的人。

最后,我想说的是:这些建议看上去似乎有些老生常谈,但是你要知道,成功的人往往就是把最简单的东西做到了极致。

09
被宿舍女生孤立，我做错了什么

刚上大学的时候，我和宿舍里一个女生走得很近。她性格比较古怪，经常会无缘无故地不理我。前几次我都主动与她和好了。

每天晚上她都会和她下铺的舍友一起打游戏，偶尔也会打电话，讲一些下流的东西，或者骂爹骂娘，经常持续到半夜一两点。有一天早晨我实在忍不住了，就问她，你能不能不要打游戏到那么晚，我睡不着觉。她没理我，但是意味深长地看了我一眼。后来再遇到她，她就装作看不见我，但和其他几个舍友走得特别近。之后，我发现其他几个舍友也不理我了。

每天晚上回到宿舍，我就像被关在黑屋子里一样。我被孤立了。这种状况持续了三四天，我实在忍不住了，在和我妈打电话的时候哭了起来，我妈就让我请假回家了。我返校的时候，迎面和那个女生撞上，她的脸立马拉了下来，特别难看。

这些记忆到现在还时时刺痛着我，我到底做错了什么？

悄哥哥（2星优质答主）

同学你好，我是悄哥哥。从你的描述来看，你并没有做错任何事情，只是由于你和舍友的性格、兴趣爱好和作息时间都不大相同，你受到了她们的排挤和孤立。我十分理解你的感受，对于一个19岁的女生来说，这种事情无疑会带来很大的压力。

被孤立为什么会使人难过？从进化的角度来看，人类是群居动物,在我们祖先生活的年代,人类面临着恶劣的生存环境,被孤立的人由于得不到部落成员的支持,很容易遭遇危险,后代的存活也更为艰难,所以被孤立会让人感觉非常危险。现在我们身上之所以带有对被孤立的恐惧,以及被孤立带来的负面情绪,正是因为我们的祖先需要极力避免被孤立,才能更好地存活下来。但是到了现代社会,这种情绪成了困扰我们的难题。

如何摆脱被孤立带来的负面情绪?

1. 改变所处的环境。最直接的办法就是和辅导员说明情况,申请换一个宿舍;如果条件允许的话,考虑在学校附近租房。

2. 改变自己的心态和看待事情的角度。你要摒弃这个观点:别人不喜欢我,是因为我不好。记住,不要让其他人来决定你的开心或者难过,你应该努力让自己开心起来,因为你完全值得!你可以想想:为什么我非得为了不喜欢的人而让自己烦恼?这种消极情绪对我来说有什么好处?

在摆脱负面情绪后,你便可以冷静地、积极地解决这些事情。

① 尝试和舍友沟通。有时候问题没能解决，也许只是由于表达方式不太恰当。和她们商量一下，如果不能面对面交流，发微信也可以："我能理解你们，如果我像你们那么喜欢玩游戏的话，我很有可能也会玩到那么晚。有机会的话可以带我一起玩吗？但是你们玩到那么晚，真的有点影响我休息，我能不能和你们商量一下，请你们晚上不要那么大声或者不要玩到那么晚呢？谢谢你们了。"请注意，这并不是让你向她们妥协，只是如果我们有办法更好地解决问题，为什么不用呢？

② 找到更适合自己的交际圈。班里有没有你比较喜欢或者想和他/她做朋友的同学呢？你可以尝试和他们相互深入了解一下，和他们一起吃饭、一起上课。你也可以多参加一些学校、社团活动，交一些兴趣相投的朋友。交一些聊得来的网友也未尝不可。有空的时候可以和以前的同学、好友聚会。

③ 提高自己的人际交往技巧。如果你想发展良好的人际关系，变得更受欢迎的话，可以努力提高自己的沟通能力、交往技巧等。很多有关人际交往的书都能帮助你做到这一点。

最重要的一点就是让自己变得更为强大。当你自身的实力足够强大时，一个人同样可以活得很漂亮！

💡 麦子～（1星精华答主）

题主的经历和我有些类似。我来讲讲我的故事吧。

我也被宿舍的其他五个人孤立了，原因有很多。入学前，我们就在网上认识了彼此，并约定要住同一间宿舍，报名的时候我们还特意让辅导员把我们分到了一起。当时辅导员说："你们一定要团结哟。"我们说"一定会的"。现在看来真的是啪啪打脸。

大一上学期，我就觉得我有点融不进去，但是我一直在努力调整自己，让自己融入她们。大一下学期，我们之间的矛盾彻底浮出水面，她们和我进行了一次谈判，让我搬宿舍。我觉得自己没有错（或者说不全是我的错，比如她们提的不经常和她们聚餐，她们几乎每周聚餐一次，我觉得没有必要），说"要搬你们都搬走，我不搬"。后来她们告诉了辅导员，辅导员尽量调解，但因为我们学院没有多余的宿舍，所以最后只能我搬。

幸运的是，最后有一间宿舍（就是我现在住的宿舍）愿意让我入住，我和现在的舍友相处得非常融洽。之后，我原来宿舍的人又闹矛盾了。

发生那件事的时候，我承受着期中考的压力，面临着感情危机，还要为即将到来的干部换届做准备。我觉得那时的自己真的很厉害，被五个人孤立，却没有流过一滴眼泪。班长还很担心我会承受不了，但是我知道，那个时候我必须坚强。

人生中有那么多磨难和挫折，我相信我能挺过去，挺过去之后，我就是一个全新的自己。我也知道，那不是我一个人的错，是我们根本没有办法成为朋友，有些人注定和你合不来。虽然我还是有些担心自己会不会被其他人用异样的眼光看待，但是我会用时间证明给他们看的。

所以，亲爱的题主，面对问题、解决问题就好，一定要坚强。我建议题主先向其他舍友了解一下情况。我当时就是先和相对比较温和的舍友沟通的，可是她们统一了战线，没有办法，我才选择了换宿舍。

10

20岁左右的人，应该怎么规划人生

社区约有三分之一的用户年龄在16岁到24岁之间。今天想和大家讨论以下话题：

（1）20岁左右时，你是如何规划人生的？

（2）如果重回20岁，你最想制定的规划是什么？

（3）能否从心理学的角度谈谈规划人生的意义？

（4）你想给社区里其他20岁左右的用户哪些规划人生的建议？

💡 向阳花 🌸（2星优质答主）

20岁左右的人如何规划人生？规划的内容需要涵盖三大主题——生命、生活和生涯。根据不同的时间节点，人生规划分为长期规划和短期规划。

（1）长期规划的步骤如下。

第一，确立自己的人生观、价值观和目标观。人生规划的目的就是实现自己人生的目标。

第二，充分地了解自己，分析自己。确定自己的性格特点、兴趣爱好和能力，即我适合什么、我喜欢什么和我擅长什么。

第三，制定自己的人生规划，最好细化到各个年龄段，并完成好每一步的任务。

第四，在成长中磨炼自己，及时调整自己的人生规划，因为没有什么规划是一成不变的。

（2）短期规划需要遵循目标的SMART原则。其中S代表明确性，M代表可测性，A代表可实现性，R代表相关性，T代表时限性。有效目标的核心条件是量化和时间限制。

以我自己为例，我最近想学习一门心理咨询技术，买了一些书，准备了解相关知识，但是由于拖延、懒惰，我迟迟没有开始看书。于是我制定了一份短期规划。

短期目标：认真看书，掌握知识。

S：具体完成什么项目？学习五本书的内容。

M：怎样证明掌握了知识？能大致回忆起书本所讲的知识和技术。

A：目标难度如何？书能看完，在实践中运用有一定挑战。

R：目标价值如何？看书不难，技术运用范围十分广泛。

T：何时完成？在十周内看完，每两周看完一本。

当然，制定规划会有很多压力，而且计划总是赶不上变化。当我们问"20岁应该做什么"的时候，我们其实在强调人生有一个标准答案，它来自我们脑海中"人生应该怎样过"的模板。我们是应该追求有价值的人生，是应当不断自我充实和提升，但是什么样的生活是有价值的，什么样的做法是正确的，应该由我们自己决定。

对于选择什么样的工作，职业规划师马蒂·乃姆克（Marty Nemko）博士的建议是：随便选一个想做的，就去做吧！去了解，去实践，你有的是机会和时间改变自己的想法和选择。遵从自己的内心，无须刻意强求，一旦选择了，就带上你的人生规划，去寻找幸福生活！

💡 logistic（1星优质答主）

在制定规划前，你需要了解自己是一个什么样的人。

我想和大家分享自己的一段经历，一段不是很成功的经历（希望大家引以为戒）。我出生在一个不怎么富裕的家庭和不怎么繁华的小城市，在我上大学之前，我的活动范围就是我家所在的那个小县城。高考报志愿的时候，我甚至以为华南理工大学很差。我选专业主要考虑两个因素，一是有前途，二是"有钱途"，所以我选了生物制药这个专业。

但来到广州之后，我开阔了眼界，了解了很多不同的知识，也因为各种机会接触到了我真正感兴趣的专业——心理学。我考了两年的研究生，终于考入了一个与心理学相关的专业。现在，有时候我会为自己白白浪费的多年时间而懊悔，但有时候，我也很庆幸，毕竟有更多的人年龄更大，却还是很迷茫。

我想用我自身的经历来说明人生规划的重要性，但问题是，人生规划怎么做？

首先，你得明确你的目标是什么。每个人的目标都不同。如果我的面前有两份工作，一份工作能够保证我的温饱，也是我感兴趣的，另外一份工作能让我赚大钱，但不在我感兴趣的领域，那么我会毫不犹豫地选择第一份工作。但是有的人可能会选择第二份工作。说到底,每个人的目标不同,实际情况也不同,找到一个适合自己实际情况的目标是第一步。

其次,每个人的能力也不同。能力和兴趣匹配自然最好,如果不匹配,做这份工作多少有点像强扭之瓜。实际上,从事某个领域的工作的能力并非人人天生就有。规划的重要性就体现在这里,如果你有一个比较明确的目标,基本能力这个硬件也具备,那么你还需要制定学习计划。

最后,将规划一步步变成实践,完成自己的目标。

当然,以上内容都需要建立在了解自己的前提下。事实上,大学中有很多迷茫的年轻人,读了一年才发现自己对本专业不感兴趣,或者浑浑噩噩读完了大学,还是没有明确的目标。

规划永远不怕晚,我就是一个例子。制定规划的两个最好时机,一个是当初,一个是当下。如果你有了目标,但有点害怕,希望这个答案能给你一点勇气!

💡 刘舒怡(1星优质答主)

我20岁时刚好面临着人生中一次很重要的选择。当时我即将大三,读着我不那么喜欢的会计专业。我开始思考毕业后是去公司做会计，考公务员，还是考研？家里人希望我考公务员，同学鼓励我考研，而我一直没有考虑清楚自己的规划。就在我非常迷茫的时候，一家考研机构来学校开了一次宣讲会，推荐我们做霍兰德职业兴趣量表。量表的结果告诉我，我偏向社会型人格，适合做教育或心理咨询工作者。

心理咨询这四个字触动了我。从初中开始，我就对心理学感兴趣，但是高考填志愿时，我听从了家里的安排，选择了我完全不了解的会计专业。大学期间，我对会计完全提不起兴趣，上课也是似懂非懂。通过职业测试，我意识到原来我真的不适合做会计。宣讲会上，我还了解到大部分有心理学硕士点的学校不限制本科专业，通过考研，我曾经的兴趣有可能成为我未来的职业。就是从这时起，我决定考心理学研究生，将心理学作为我未来的职业发展道路。

幸运的是，我成功跨专业考上了心理学研究生，现在从事着与心理学有关的工作，未来也依然会将心理学纳入我的人生规划。学习了这么长时间的心理学，我想说：规划自己人生的意义在于它可以让我们有计划、有准备地面对不可预知的未来，让我们的内心更加坚定和从容。

那么，该如何规划好自己的人生？我自己的人生经历也不算丰富，只能从个人角度来和大家分享。首先，了解自己，知道自己适合什么,这是最重要的。我们可以通过人格测试、职业兴趣测试来了解自己。接下来,根据自己的兴趣设定一个目标,比如选择一个适合自己的专业或者职业。然后尝试实现这个目标。如果发现自己实现不了,那么适时地调整目标也是很重要的。最后,制定下一个新目标。

希望我的分享能让大家对人生规划有些新的思考,也希望我们能一起实现我们人生规划中的那些目标,打败路途中的"小怪兽"。

第 3 章

读懂自己,自卑和自恋是一个人的两面

11 / 应该如何接纳不完美的自己

本人女,30岁。最近,一个问题一直困扰着我:一直以来我都拒绝接纳不完美的自我,从而不断努力着,如果接纳了不完美的自我,我不就自我堕落了吗,前进的动力来自哪里呢?

💡 幸福的人鱼(1星优质答主)

看来题主对心理学是有一定的了解的,看起来也在自我探寻的路上，这很棒。我们来看看"不完美"。在这个世界上，大家或多或少都会认为自己不完美，而这个"缺"刚好是我们向前的动力，但有时候也会成为我们的压力。

很多事情不在于"有"或"没有"，也不在于"完美"或"不完美"，要知道，这些都是相对的，而且是在互相转化的，不是一成不变的，所以那个"平衡"才是最重要的。我们自我探寻的过程其实就是建立那个"平衡"的过程，而且这个过程一定会包含很多次"失衡"的尝试，才能够完成。所以面对自己现在的"失衡"和"尝试"，给自己点个赞吧，这是成长的必经之路。

另外，所谓的"接纳"指对自己心理上的允许，而不是行动上的放纵，所以接纳不是自我堕落，而是心灵的放松状态，只有处于这种放松状态，我们才能够毫无牵绊地去努力，去成就自我。

💡 老虎今天吃草~（3星优质答主）

我们先来探讨一下，你为什么会提出这个问题？

是不是最近感觉有些迷茫？请想象这样一幅画面：一只

鸟拼命地飞啊飞，突然一转念："我飞得这么累，究竟图什么？"如果确实是这样，那么其深一层的情绪又是什么呢？可能是疲惫和担忧，在努力中感到心力不支，停下来又不甘心、焦虑。

这些感觉交织在一起，就产生了矛盾：努力的行为和努力的动力产生了分离和对立，需要耗费心力去维持行为，而非在行为中收获能量的滋养，达到心流状态。要消除这个矛盾，需要努力缩小这两者之间的距离，需要客观地认识自己和评估环境，在环境、资源、自我期待、目标价值感之间找到一个平衡点，达成自洽。也就是俗话说的，接受不能改变的，改变不能接受的。

从这个角度说，心理学更像一门艺术而非科学。我们每个人都有属于自己的独一无二的平衡点，这个平衡点意味着生命的意义。需要说明的是，这个平衡点是动态的。维持这个平衡点的力量是我们为生活付出的努力。努力是一个矢量，不仅有大小，而且有方向。

虽然说条条大路通罗马，而有人生来就在罗马，但这并不妨碍我们追寻生命的意义，因为追寻的过程、这个矢量的大小和方向本身就是意义所在。意义的有无不在于起点，也不在于终点，而在于一种向光生长的姿态。

画月不画星（1星精华答主）

可能你将接纳和安于现状混为一谈了。你说你因为拒绝接纳不完美的自己而奋斗，害怕接纳了不完美的自己就会自甘堕落。金无足赤，人无完人，每个人都有自己不完美的一面，关键点在于是否想要改变。

接纳自己的不完美，是直面自己的不完美，正确认识自己的不完美，也只有正确认识到自己在哪些方面不完美，是因为什么不完美，并接纳这份不完美，才能更好地、有针对性地做出改变。

安于现状是什么？是知道自己不完美，还不想改变。这不是接纳，是逃避。接纳是解决问题的基础。咨询师有一条对来访者无条件接纳的原则，就是不管来访者是开心还是不开心，是善良还是邪恶，都要无条件接纳。咨询师接纳来访者，并不表示来访者做得不好的事情就是对的，而是只有接纳了来访者，才能建立良好的咨询关系，进而促使其做出改变。

12 / 孤独、自卑，怎么去除原生家庭的阴影

我 37 岁了，从小没有感受过母爱，我母亲自恋、冷漠、自私、阴毒，把我当玩具。小时候，因为被忽视，我得了多动症。父亲把我当工具，操控我，经常无端打骂我，把外面的火发到我身上。我天资比较聪慧，本来按照他们的想法，应该考清华、北大，为他们争光。我还受到家族歧视，被亲戚欺负，在那个家里生活得小心翼翼。

这些导致我身心隔离，一直到 26 岁都全无饿感，因为小时候吃饭时会挨打挨骂。还好自小有一个不错的"旧社会资本家"爷爷一直照顾我。我一路颠簸着

读书、努力创业……

我现在的问题有:
(1)无法经营亲密关系,自己也有暴力倾向。
(2)沉浸在回去报复那些人的幻想中。
(3)很难自我成长,感到孤独、自卑。

没得救了吗?

双人鱼清蒸(3星优质答主)

被"看见"就是一种疗愈,同样,表达也是一种疗愈。在你的描述中,在你成长的关键期,父母没有给你相应的资源,也没有扮演好父母的角色,周围的"生态"环境也不太利于你的成长。

值得庆幸的是,你有一个爷爷可以从旁协助,愿意付出金钱和精力,这表明他对你很在意,也就是说,你在他心中有着重要的地位。你没有描述你和爷爷的情感,我不确定你心里如何看待这段关系,或者你的潜意识是否允许他扮演你"心理"父母的角色。在一团乱麻中,爷爷似乎可以成为一个线索,顺着这条线索,你会发现很多被忽略的正向资源。

我是被爷爷奶奶带大的,童年时光里,他们扮演了我父母的角色。这期间也掺杂着我与父母的互动。我的母亲是典型的情感内敛的人,很少对孩子表达爱和欣赏。我父亲早年受刺激后患上了双相障碍,情绪不稳定,高兴时对我特别好,会表达爱、会夸赞我,也会纵容我,不高兴时劈头就骂、甩手就打,所以我一直对他又爱又恨,这种恨意直到很多年后才逐渐消除。

在这样的环境中成长,我也患上了双相障碍。我的成绩一直不错,但情感和身体隔绝,自我和外界隔绝,就这样度过了若干个年头。在此期间,我从未放弃过自我救赎。工作后,我发现自己完全没有办法适应工作环境中的人际交往,死撑了两年,就回归家庭,一边照料家庭,一边自我疗愈……

一转眼20年过去了,如今我是一名瑜伽老师、心理咨询师,还是一名专业社工。一路走来,鞭策我的就是那些过往。我是当事人,我知道身处黑暗时的无助与恐惧,我只想让那些曾经的伤害在我这里停止。

童年的创伤已经发生,而且会影响我们的现在和未来。幸运的是,你我都已经长大,不再是那个无法自保的弱小孩子了。

如今,面对曾经的伤害,我们有两个选择:①延续原生家庭的固有模式,让故事"重演"。②让伤害就此打住,重新构建一种你从小就期待的模式,用儿时渴望的互动方式去对待自己和他人。你已经羽翼丰满,你有这个能力。如果你愿意,改变可以从现在开始。

💡 答疑老师董柯(1星优质答主)

家庭中的孩子总是承担了过多的伤痛。你家里的每一个人都很艰难,他们都无力承担自己的那一部分,无处排解,无法自处,于是将情绪转嫁给了你,因为幼小的你对他们来说是安全的。

如今37岁的你再看这些,你看到了什么?你是否看到,你曾经经历的一切并不是因为你做错了什么,并不是因为你不好,而是因为你的父母?

你所说的三个问题并非无解,这取决于你的朝向,你愿意朝向过去、朝向苦难,还是朝向你期待的生活、你的目标。如果是后者,那么你可以尝试给自己描绘一下那是一幅怎样的画面。如果你决定将重心放到你的目标上,一切都是有可能的。你可能要辛苦一些,要做一些和以前不一样的尝试,你准备好了吗?

你的问题,如亲密关系的经营,是有方法可循的;你目前有暴力倾向,这也是可以改变的。你说自己很难成长和改变,是的,非常难,但是心理学大师萨提亚女士在《新家庭如何塑造人》中说道:"有一个好消息,无论你身处何种境况,改变都是可能的。"这是她通过大量案例得出的结论,希望能给你支持,给你信心。

曦兰(鲸鱼社工)

我和题主有一些相似的经历,但我如今已经放下了那些执念,所以想告诉你,你并非没救了,愿你对自己有信心。

关于父母,我承认你父母对你的忽视、冷漠、暴力,给你造成了很大的影响。你说自己小时候得了多动症,说明现在你应该已经好了。你说有爷爷帮助你,那么爷爷应该给予了你很多爱。

在我成长岁月中的很长一段时间里，我都在思考如何报复我的那些亲戚，同时避免坐牢。家族内的争吵使我对人性产生了很深的阴影，但如今我选择了放下。这很难，需要足够的成熟才会释怀，但并非做不到。

现在看来，其实放下不是懦弱无能，而是勇敢，勇敢地和过去和解，坦然地面对那些伤害，并从伤害中抽离。相信你有着自己的人生观和价值观，也是一个很优秀的学生，以暴制暴是小孩子才会想的事，如何从容冷静地避免他们再次对你的人生造成影响，才是真正需要思考的事。你人生的一部分已经因他们而受伤，你不应该赔上往后的时光。

我的建议如下。

1. 学会克制。原生家庭的暴力可能会使我们冲动时无法控制自己，产生一定的暴力倾向。当产生暴力的想法时，你可以试着问自己："他对我怎么样？我为何把拳头伸向爱我的人？"我想你一定很厌恶你父亲这样的行为，那就努力让自己成为一个和他不同的人吧。
2. 创伤后成长。创伤会给我们带来阴影，使我们难以顺利成长。但创伤同样可以给我们带来积极的成长（心理学已经证实）。你可以多思考创伤带给你的好处，例如爷爷的爱和你的自立自强。最重要的是要学会积极地看待事物，阴暗面的背后就是阳光。另外，针对孤独、自卑，你可以试着多和周围信得过的人交往，弱化对自己的轻视，加强自己的优势，以培养自信。

13 / 如何爱自己，做到心灵独立

我的兄弟姐妹比较多，我小时候，爸妈对我的照顾比较少，我总觉得爸妈偏心哥哥和弟弟，觉得自己是个多余的存在。这导致我一直想通过讨好其他人来获得他们的认同，即使长大了也还这么想。

大学的时候，我为舍友付出了太多，但我还是被孤立了很久。参加工作后，因为男朋友玩《英雄联盟》，我也跟着玩，但是他觉得我玩得不好，不带我玩，我就只好一个人玩。那时，我认识了一个玩游戏很厉害的男生，渐渐地对他产生了依赖，甚至一天不和他说话都觉得难受，还会答应他很多过分的要求。

> 我觉得我把对男朋友的依赖转移到了游戏好友的身上,他也意识到了,想放手。
>
> 我现在很难过,想放弃对他的依赖和好感。我觉得我小时候太缺爱了,以至于我想对任何人好,也期待他们能对我好。因为男朋友对我冷漠,我就去认识其他人,希望从他身上找回恋爱的感觉。我知道这是不对的行为,但是我不知道如何纠正我的情感倾向。

💡 猫猫(3星优质答主)

当我们没能和更多的人建立亲密关系,或者想要和特定的人建立关系,却一直没能建立时,将情感过于投入相对亲近我们的人,是一件比较正常的事,希望你不要太过责备这样的自己,也不要因此贬低自己。

自爱的第一步是看见自己,看到自己的缺点,然后想一想由缺点带来的优点。比如，一般来说，比较缺爱的人会比较敏感，而敏感能让我们更容易感受别人的感受。别太过贬低自己，你看到的缺点，也许是别人眼中的优点。可以试着踏入人群，多与人交流能够更新我们原有的观点。

第二步是尊重自己，与别人交流。与别人交流，不可避免地会发生观点冲突。能坚持自己的观点，不轻易觉得自己的观点不对，就是不错的进步。你可以渐渐减少自己在交往中的讨好行为，减少自我贬低。

此外，学习也好，运动也罢，使自己的生活忙起来，因为这些都能更新我们大脑的系统。认识的人越多，经历越多，获得真正感情的机会就会越大。

💡 海狸姐姐乙（3星优质答主）

从你的描述中，我观察到，你对自己有较为清醒的认识，你看懂了自己行为背后的动机。但同时，你的话中透露出你对自己行为方式的不接纳，你因此感到纠结、痛苦。

有着很多兄弟姐妹的你太想要父母的关注，希望被看见、被肯定、被爱。这对一个孩子来讲非常重要，因为没有父母的这部分关注,孩子就没有办法建立起"我很好""我是重要的""我是被喜欢的""我是被爱的"等认知,而这些恰恰是孩子赖以生存,并且一旦缺失就会用一辈子去寻找的心理营养。

所以才会有那句话:"幸福的人用童年治愈一生,不幸的人用一生治愈童年。"我们每个人做的选择都是当下对我们而言最好的。这样看来,因为心里的爱箱空了,童年的你发展出了讨好姿态,这是能使你活下去的生存姿态;长大以后,你一直在寻觅、索取。这都没有什么不对。那曾是最好的选择,长大以后也将伴随我们。但同时,我们需要知道,那并不是唯一的选择。小时候的你没有更多的选择,而成年最好的地方在于,你拥有重新选择的机会,你可以将"我必须通过讨好得到爱"这个内在声音替换掉。

改变并不是那么容易,好在你已经开始改变了,不是吗?觉察是改变的第一步,加油。

💡 新一（5星优质答主）

与人相处的时候,总是将自己摆在一个比较低的位置,企图通过这样的方法得到关注和认可,这样的行为模式实际上只会让别人觉得你没有高价值。高价值和建立边界息息相关,要让对方知道你是一个有原则的人,对方才会重视你。一味的付出是低价值的表现。

关于情感倾向的问题,先讲一些恋爱中的吸引力法则。你觉得如何吸引优秀的男生?答案其实不复杂,要么是你颜值高、身材好,要么就是你的谈吐、举止比较好。换句话说,你身上应该有闪光点,是你身上的某些闪光点吸引了对方。其实和其他人交往也一样,如果对方觉得你这个人确实有值得肯定的优点,他们就会在意你、重视你、尊重你。

可是,在你的认知中,你将自己的地位摆得比较低,以讨好的方式去和对方建立关系,这本身就是不对等的,得到的情感也是不对等的,这就是问题的根源。

所以你要把你交往的对象从神坛上拉下来,或者你要站起来和对方交往。一个练习方法是,你付出的情感、精力和时间都应该有好的反馈,如果没有,就停止付出。

最后说一句,看得起自己的人,别人才会看得起他,自己都看不起自己,还想让谁看得起呢?

14 / 严重的社交恐惧症，要怎么调整改善

本人女，27岁，来自单亲家庭，从小就内向，不爱和陌生人或不熟悉的人交流，上学的时候给人的印象就是文静、老实。那时我就有轻微的社交恐惧症，但对生活的影响不大。

但这几年，我的社交恐惧症逐渐加重了，连工作都成问题。我不敢和人说话，有来电就心慌，玩游戏也不敢开语音。除了家里人，连和上学时玩得特别好的朋友见面，我都开始觉得别扭。每次不得不出门和人交流，都令我很痛苦。不仅是面对面沟通，我现在连微信文字聊天也很少，觉得没什么可说的。

> 本来我想接受心理咨询或者找人倾诉,但是这些都需要打电话或视频,我纠结了半天,还是放弃了,感觉自己一打电话就会哭出来。
>
> 现在,我很痛苦,每天只想睡觉,白天可以一直睡,晚上继续睡。我对什么事情都没有兴趣,对未来也没什么期待,敏感易怒。玩游戏、看电影的时候,我能暂时忘掉一些痛苦。
>
> 我不知道现在自己是什么情况,是有抑郁症还是其他病。四年前我去过医院心理科,做了问卷和一个有关心率问题的检查,被诊断为患有中度抑郁,吃了一个月药。那时候我有生理上的不适,现在好像没有。

💡 **李琰琰**(国家二级心理咨询师,2星优质答主)

你非常好地描述了你的心理症状和症状的发展历程。我觉得你现在可能处于社交恐惧共病抑郁发作的状态,你真的需要帮助和治疗。你可以试试心理咨询，哪怕一打电话就哭出来也没有关系。

社交恐惧在临床上是非常常见的，几乎所有有心理问题的人员或精神疾病患者，在症状持续发展时都会出现类似的社交回避症状。所以社交恐惧是心理咨询师再熟悉不过的症状，你不必担心你的表现，咨询师完全能够理解。

你可以试着回头看自己症状的发展过程，也许你会发现，你越害怕、回避社交，你社交恐惧的程度和恐惧的场景就越多。回避正是症状维持并发展的最重要的原因，与咨询师的视频或音频访谈是面对问题、解决问题的开始。我推荐视频或面对面访谈，一方面是因为访谈呈现的信息更多，另一方面则是因为这对你来说是一个练习的机会。

💡 冰蓝冰蓝（3星优质答主）

不知道是怎样的动力激励你提出了问题，无论是觉得自己很痛苦，还是这种方式让你觉得相对安全，总之，我觉得你的确走出了一步。

从你的描述看；这几年你的情况更严重了。不知道是不是发生了什么特别的事情，不一定是重大的事情，也可能只是小事或一堆小事，如果有，可以从事情入手，看看发生了什么。

另外，你说几年前你去过医院，当时有生理上的不适，我猜正是生理上的不适促使你去了医院。你没有谈到当时你有哪些不适，但你现在的嗜睡、低落等其实也属于生理上的不适，绝不能轻视这些症状。不管通过什么途径，医院、咨询、文字、视频，只要走出封闭状态，都是改变的开始。

你现在不愿意接受心理咨询，一是因为你的确还需要一些勇气，比如你担心自己一打电话就会哭出来，没关系的，咨询师会很好地接纳你；二是因为你现在把自己封闭了起来，这样的状态可能让你更有安全感，但还是给你带来了不舒服的感觉，只是还没有让你不舒服到愿意往前走一步。

你的问题可能和你从小的经历有关，也可能和你的人际关系有关，我不觉得我在这里写一段文字就能解决问题，所以我更希望你能走出这一步，寻求专业的帮助，让自己改变，哪怕只有一点点。

💡 姚元启（国家二级心理咨询师，1星精华答主）

从你的描述看，目前"社交恐惧症"严重影响了你的人际关系和生活，为此你感到非常痛苦。

不知道你的"社交恐惧症"是怎么来的，是否有过专业的诊断和评估？或许你目前的症状源于早年的成长经历，早年的单亲生活让你的人格停留在孩子的成长阶段，你在用孩子的防御模式来应对当下的成年生活。

换一句话来解释就是：在不愿意与别人沟通的同时，过度敏感的防御系统通过自我封闭的方式使你获得安全感，你感觉外面的人和世界都是危险的，所以当你想要沟通和交流的时候，一遇到外界的信息刺激，你就会产生惊恐的感觉。

你能到这个平台寻求帮助非常难得，足以说明你想突破自己。此外要注意的是，心理咨询需要一个过程，需要你的详细资料，更需要你勇敢地再一次突破自己！

所以你可以先找到一个信任的咨询师，通过文字的方式与其沟通，等到你有足够的内在力量时再考虑音频，等内在力量更强大一些，再考虑视频，随后慢慢变得敢于进行面对面的咨询，直到你敢于和社会上任何一个人交流和沟通。

15 / 自卑的认知模式能否被改变

人自卑的一个很重要的原因是他/她很固执地认为只有优秀的人才有资格自信。如何消除这种认知?

💡 **no name**(1星优质答主)

自卑的反面是自信吗?自信应该和自卑对立吗?到底是谁认定我自卑?如果我是一个自信的人,是不是别人就不会肆无忌惮地定义我是自卑的人?

认定是会传染的,"自卑"的人是"被自卑"的,被持续地邀请着去相信自己的自卑。在这个过程中,大家看到自信了吗?我看得很清楚:他在很自信地认定自己的自卑,这种自信也在邀请他身边的人坚信他的自卑。

所以自卑是认知模式的问题,并不是个人的特点。每个人其实都既自卑又自信。至于如何改变自卑的认知模式,我已经做了一个转念的示范。只要你从认定自己自卑的观念中挣脱,这种认知模式自然就会减弱。

💡 张仁军（1星精华答主）

题主描述的人坚定不移地相信着自己的自卑,可见自信和自卑是并存的,并不是相互对立的两面。

那么什么是自卑呢?我想借自己的经历分享一些看法。自卑,也就是自我的卑微,或者卑微的自我。如果不仔细看,我们会觉得这两种情况是一样的,但是如果深入了解,就会发现这是不同的两种情况。自我的卑微是自我的某些方面有些卑微,并不是整个自我都卑微;而卑微的自我指整个自我都卑微。前者只涉及一部分,后者指的却是全部。那么题主认为真实的自卑属于哪种情况呢?

至于自信,信是一个人说的话,那么自信就是自我相信一个人说的话。自我为什么相信别人说的话?其实是因为相信自我的认知,相信自我的判断,内心对于自我有坚定不移的确信。

没有绝对的自卑,也没有绝对的自信,自卑和自信都有一个度,过度的自卑和过度的自信都会给自己的生活带来不必要的影响和麻烦。理解、接纳自己在某些方面有一定程度的自卑,在某些方面有一定程度的自信,会帮助我们更好地认识和了解自己。没有自卑,也就不会有自信;同样,没有了自信,自卑也不会存在。

Baby steps(5星优质答主)

其实自卑或自信和优秀无关,真正与它们有关的是自尊。自尊感弱的人自卑,自尊感强的人自信。从字面上来说,"自尊"就是自己尊重自己。从心理学的角度来说,自尊就是自我接纳、自我认同。"优秀"也只是以他人的眼光评价自己,真正起决定性作用的只有自己,我们需要自己承认自己,自己看重自己。

建立自尊有两种方式,一是由内而外,二是由外而内,可根据自己的实际情况选择。

由内而外地建立自尊,需要打破自己的一切认知,并重新构建。人都有生而为人的权利,对自己予以肯定既是对人生命的尊重,也是对人正常权利的捍卫。"我不同意你的观点,但我誓死捍卫你说话的权利"可以说道出了精髓。

由外而内地建立自尊,需要做一些成功的事,即便这些事情很小,只要是自己没做过、没想过的就行,前提是符合法律和道德要求。你会发现以前自己没在意过、没重视过的事物让你有了全新的体验,这会让你重新审视以前的认知,慢慢改变自己的认知模式。

第 4 章

互动进阶时间

💡 自卑心理测试

心理学家阿德勒说：".自卑是自我成长的动力，超越自卑是自我成长的一大功课。"你知道是什么造成了你的自卑吗？先来测一测你的自卑住在哪里吧。

扫码进行
自卑心理测试

💡 青少年烦恼寄存空间分馆

人生答疑馆是面向壹心理所有用户的心理互助和成长问答社区。

这个社区是互助的：每个人都可以在这里发布令自己困惑的问题，也可以帮助他人解惑。

这个社区是公益的：任何人都可以免费发起提问，只要耐心等，总会等到自己满意的答案。

随着人生答疑馆用户的增加，我们听到了"更丰富"的声音：超过83%的高校心理学专业的同学反馈"希望借助人生答疑馆和自己的力量，帮助更多人摆脱心理困境"；超过71%的高校心理学专业的老师希望建立自己的心理学小天地，通过知识传播，让更多高校学生意识到"求助并不可耻""求助是安全的、私密的"；超过65%的中小型企业希望给员工建立一个"心理安全屋"，帮助他们纾解心理压力。

人生答疑馆分馆满足了以上需求，建立了以馆长为核心，向高频兴趣点、关心的话题、居住的社区辐射的心理问答微圈子。这是一个小小的互助社区，是只属于馆长和成员的安全屋，在这里，你的心事有人倾听。

加入心理学互助社区，与有同样情况的小伙伴一起进入安全屋，沟通交流。

扫码加入青少年
烦恼寄存空间分馆

附录
回答这九个问题，就能知道自己是谁

在心理治疗中，治疗师经常会和来访者讨论以下几个问题。能流畅回答出这些问题的人一般是有稳定身份认同的人，也就是一个找到了"我是谁"这个问题的答案的人。

一起好好来认识一下"我是谁""我在哪儿""我想要什么"，活得更笃定、更明白吧！

1 请你介绍一下你自己，你是一个什么样的人？

_____
_____
_____
_____
_____

② 你有什么理想?这个理想是怎么形成的?

③ 你理想的伴侣关系是怎样的?你在这个伴侣关系中扮演什么样的角色,承担什么责任?

④ 你理想的事业是什么，你正在做的工作符合你的事业理想吗？这份工作对你的意义是什么？

_____
_____
_____
_____
_____
_____

⑤ 你怎么看待亲子关系？对你来说，一个理想的父亲 / 母亲是什么样的，你期望自己成为这样一个理想的父亲 / 母亲吗？

_____
_____
_____
_____
_____
_____
_____

6 你怎么看待钱?你认为赚到多少钱是足够的?如果你明天一早醒来,已经有足够的钱,你将如何安排自己接下来的生活?

_____
_____
_____
_____
_____

7 对你来说,理想的性生活是什么样的?你理想的性道德是怎样的?在你的性道德观中,什么样的性生活是禁忌的、需要避免的,什么样的性生活是美好的,需要得到鼓励和发展的?

_____
_____
_____
_____
_____

8 你的择友标准是什么?你愿意和什么样的人交往,拒绝和什么样的人交往?

_____
_____
_____
_____
_____
_____

9 你怎么看待死亡?你希望自己活到多少岁?你准备怎么度过从现在到死亡的这段时间?如果你要立遗嘱,这份遗嘱会怎么写?

_____
_____
_____
_____
_____
_____

发现一个更美好的自己

教育/发展心理学

华章心理
人格心理学重磅作品

《成为更好的自己：许燕人格心理学30讲》

【豆瓣时间】同名精品课

北京师范大学心理学部
许燕 教授
30年人格研究精华提炼

破译人格密码
构建自我成长方法论

认识自我，理解他人，塑造健康人格